『美容美髮專書－2』

蕭本龍　e媚彩妝美學

蕭本龍　著

作者簡介

著者：蕭本龍

學　歷：
高雄中學
台灣師大藝術系——文學士
日本國立千大工學研究所畢－工學碩士

經　歷：
大同工學院專任教授兼系主任
實踐家專兼任教授
銘傳家商專任教授
台南女子技術學院美容科特約講師
資生堂特約講師
行政院勞委會職訓局乙級美容技術士技能檢定規第修訂委員會委員
台灣區美容美髮技術競賽大會彩妝素描裁判長

曾　任：
高雄市女子美容商業同業公司顧問
美和技術學院　美容科兼任教授
樹德科大　流行設計系兼任教授
國立雲科大　工業設計系兼任技術教師
國立成大　工業設計系兼任專家

序 言

　　去年高雄地區舉辦了兩次全國性的美容大賽，本人有機會擔任紙上彩妝的裁判長，發現參與的選手比再前年度的作品進步很多，其彩妝的技巧絕對跟得上世界水準，可見我們高職美容教育的成功，這些成效在這三年間就我在高等美容教學的經驗也體驗到，但還是有待加強的部份，那就是素描與配色的能力，這也是目前台灣美容界必需加強的部份，以前在台南女子技術學院美容科以及目前在美和技術學院美容科與樹德科大流行設計的教學中，素描力與色彩學是我一向最重視的。

　　我想以我的教學經驗配合目前台灣的彩妝水準，一定有助於美容界實力的提昇，這是我寫這本書的最大動機。

　　這次提供彩妝作品的幾乎都是我學生中的精英，這些作品大部份都經我明暗與配色上的處理後呈現出來的。

　　學生中有四位我必需特別致謝的，一位曾是樹德家商美容科主任的于家琪老師，她本身不但親自參與也動員了樹德家商最優秀的學生提供作品，這些學生都是她帶領參加全國美容競賽的常勝軍，她們的作品是非常優秀的。第二位是永達技術學院的學生黎娥佑小姐，她本身是美容乙級資格也是一位成功的美容院經營者及美容乙丙級的指導講師，本書第九單元完全由她執筆。

　　另二位是樹德科大學生黃慧文、洪馨蓮，已獲美容乙級術科及格，人不但長的清秀，彩妝更是優美，學習態度更是無話可說，是一位極有前途的設計師及美容師，她們兩位提供作品最多，其水準也最接近我要求的。另外學生黃慧文也當任本書的色彩分類、及色彩與配色的工作。

　　以下是參與學生的名單：
樹 德 科 大：于家琪、楊惠如、洪馨蓮、陳冠華、李芬焄、顏素惠、
　　　　　　　黃慧文、林玉陵、林玫采
美和技術學院：郭映伶、王淑芬、吳佩蓉、鄭淑貞、林娟雅
永達技術學院：黎娥佑、徐安惠、古高梅、劉映研、潘秀珍
樹 德 家 商：王淑美、葉雯琪、徐振翔、黃聖娟
　其他：劉寶汝（參與編輯工作）、郭淑芬、湯佳蒨
（因為在寒假間完成本書上列名單，其中有一、兩位無法確認單位敬請諒解）

　　最後感謝提供幽靜寫作環境的高雄市聞人歐瑞耀夫婦及寫作期間痛風纏身，幸好家人金英姊及弟弟本多每週幫忙整理房間，得於病痛中完成本書真感激不盡。

蕭本龍

2002. 2. 20.

老師您的用心 我看見了

一月中旬,我和寶汝同學受蕭老師的邀約,當他出書的助手,這幾個月來,老師他使盡了全力,趕著寫稿及作畫,都趕到二更半夜,他放下很多心思在這本書上。

蕭老師曾出版了幾本暢銷的服裝畫,近年來才出版有關美容的書籍,而且反應都很好!但是蕭老師曾向我提過:「他覺得自己應該可以寫得更好更完美些!」所以陸續又出版這本書。

本書最大的特色是把現代從事美容美髮的工作者,較弱的色彩學及素描彩妝連貫在一起,教你如何畫好彩裝設計圖。而且本書除了有些學生作品外,其它50幅彩妝設計圖及書上的字字句句都是蕭老師親自寫稿、畫圖的。(至於這點學生我可以作證!)

蕭老師終於在3月上旬完稿,送交到出版社。老師還興高采烈地告訴我:「約5月份新書就上市了!他非常期待著新書上市與大家分享這喜悅及成果……!」

老師一向教學認真,也很有耐心地教授我們學生,並重生活教育,凡事都會為學生們設想,和老師相處的這2年來,他凡事不求名利、不談論別人的是非、不會與人計較,蕭老師他一直是我們學生的好榜樣!所以很受學生我們熱情的崇拜和尊敬!

一次偶然機會下,我請教老師平常作畫時,髮形圖及配色參考的靈感來源是什麼來的呢?老師回答:多觀察熱帶魚身的配色、多看畫展、多翻閱時尚雜誌優美的服飾以及畫冊。我常常就是利用海邊貝殼的優美色彩做為配色參考,而洶湧的海浪是我畫髮形圖的重要靈感來源!從優美景色的造型與色彩,可供我們在髮型設計及彩妝配色上,獲得無限的資訊!!

記得每次上課時,老師都會走向我座位旁說:慧文,今天有沒有帶餅乾來給我吃?這句話慢慢地成為習慣性,每次上老師的課,也成為我的習慣,書包裏總是多了餅乾?我想我永遠都不會忘記和老師共事的那段日子,您作畫時那專注的神情,還有您的蟹肉番茄炒蛋倒是鹹了點,忘了放鹽巴的大黃瓜雞翅湯及苦苦的咖哩…看著您邊做飯邊唱著您拿手的日本老歌,真是不失可愛。在您身邊我學到很多,不只是作畫上或是生活上,這些日子裏受到老師您非常多的照顧,未來的日子我會努力加油,老師我一定不會讓您失望的。最後我想和您說聲老師謝謝您!

慧文

目　錄

一.美女的基本要件……………………………………6

二.彩妝配色原則………………………………………10

三.明度在彩妝的重要性……………………………16

四.正式場合的彩妝學………………………………18

1.上班場合…………………………………19
a.暖色彩淡妝
b.暖色系濃妝
c.寒色系淡妝
d.寒色系濃妝

2.晚宴場合…………………………………62

3.新婚化妝…………………………………76
a.華麗型
b.清純型

五.非正式場合的彩妝美學___休閒妝………88

1.日間休閒妝……………………………88

2.晚間休閒妝……………………………92

六.創意彩妝…………………………96

七.舞台妝……………………………104

八.色彩與燈光的關係……………………112

九.乙級美容檢定彩妝術科要點……………114

十.整體造型…………………………137

一、 美女的基本要件

視覺上構成美女的要件有三：

a. 色彩：先天的眼色、髮色以及膚色的構成美女的條件，但後天
的彩妝、染髮以及服飾的整體造型才是真正構成美女的
重要條件。

圖一 後天的彩妝是造就美女重要工作

b．形與型：先天的臉形、體型、腿形，雖然也是構成美女機要的遺傳
　　　　　條件，但後天靠運動、塑造、保養、美容、美髮的努力以
　　　　　及選擇服飾的整體造型的能力，才是造就美女更重要的條
　　　　　件。

　　圖二　先天的好體型得靠保養與得體的整體造型，才能塑造出
　　　　　出眾的美女

c.質感：髮質、膚質是天生的，一樣得靠後天的保養才能構成美女應有的髮質與膚質。人常說美女天生靠三分，後天打扮靠七分，這裡所謂的七分打扮所指是長期的保養、運動，努力於配色以及整體造型的學習，提昇其裝扮的能力。

圖三 A

美容師：黎娥佑

圖三 B

美髮師：潘秀珍

圖三 C

模特兒：郭淑芳

圖三 D

晚宴妝（暖色系）

圖三 E

晚宴妝（寒色系）

圖三：美女天生靠三分，打扮靠七分

二、 彩妝配色原則

　　只要是受過訓練的美容師，都可以把一般人的臉彩妝得比沒化妝前美，差就差在美的程度。好的美容師懂得客人膚色的屬性，利用最適合的粉底色、彩妝。成功的第一步在於選對與膚色吻合的粉底色，粉底色的選用有如夏天女性選用褲襪，選用的褲襪穿起來好像沒穿一樣才是高手，褲襪可以遮掩小瑕疵，使美腿更美。

　　粉底也必需如此，用了粉底卻讓人看不出來才好，但台灣的一般小姐，包括一般美容師都把粉底當腮紅用，因此偏白又偏紅的粉底，一直是台灣粉底銷售冠軍，名牌「ARTISTRY」的粉底中有一種稱為杏黃的粉底色，非常美，也最適合台灣女性使用，因為台灣女性膚色偏土黃，杏黃最接近台灣女性膚色，但此粉底色卻是這品牌銷售中最差的，可見台灣女性一般選用粉底都選偏了而不知。

　　膚色屬性的測定可參閱「新形象」出版社出版的美容、美髮專書(1)書名為「美容、美髮與色彩」，書中的第十章膚色分析（第84頁），粉最好準備二～三色為宜，基本上最接近自己膚色的是必備的，再加一個色相一樣明度稍高的，另再加一個色相一樣明度稍低的。

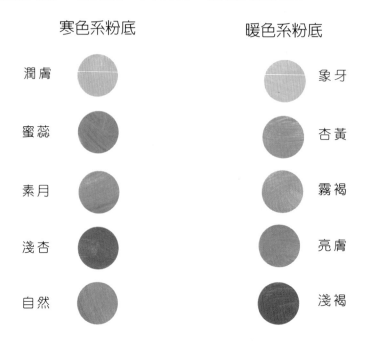

圖四. 一般粉底色可分為暖色系和寒色系兩大類

一般台灣女性膚色屬性屬暖色為多，因此在白天彩妝以暖色系為宜，晚間因為沒白天的強光，彩妝所用的色彩較自由。

如圖五的彩色之分類表中，2號到10號的色系為暖色系，14號到24號為寒色系，12號的綠色系中明度較高的B、LT、P、LTG可用於寒色系，其餘的則可歸屬於暖色系使用。

彩色之分類

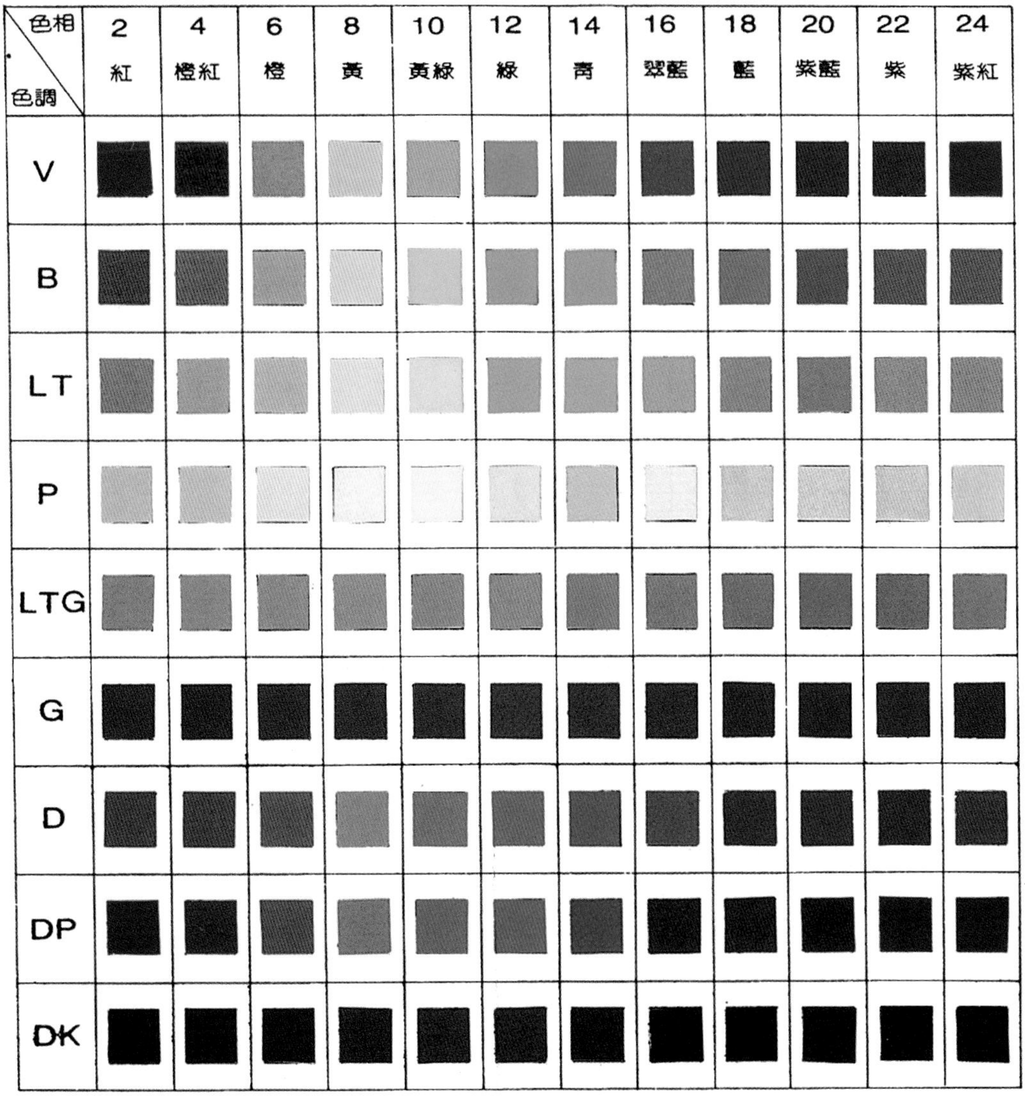

色相 \ 色調	2 紅	4 橙紅	6 橙	8 黃	10 黃綠	12 綠	14 青	16 翠藍	18 藍	20 紫藍	22 紫	24 紫紅
V												
B												
LT												
P												
LTG												
G												
D												
DP												
DK												

圖五

一般彩妝所用的配色系統有三大類：

（一） 同色相的配色：

圖五中，任何一個號碼的縱列關係則為同色相，如圖六所使用的配色是利用4號系列的顏色，口紅用的是DK4眼影用的是DK4、G4與DP4，而腮紅用的是LT4、整個顏色用的都是暖色系的4號系列，如圖七。

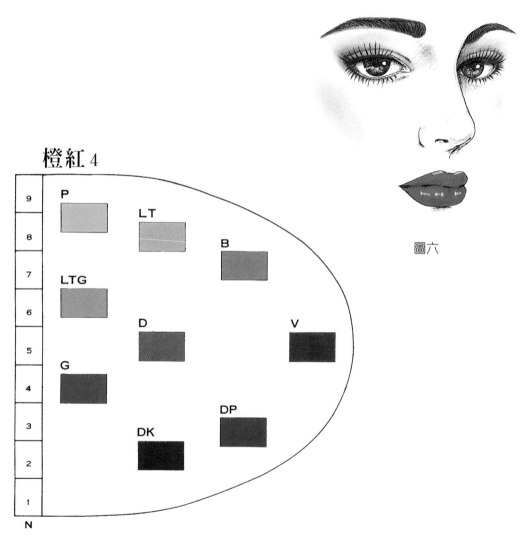

橙紅 4

圖六

圖七．這九個色彩是同色相的（有關基本色彩的重要摘要說明可參閱著者另一本書，「美容、美髮與色彩各大書局有售」）

而圖八則是利用寒色系的**20**號系列

圖八

（二） 類似色相的配色：

在圖五中任何連三個縱列的色彩的互相搭配稱之為類似色相的配色。如暖色系的2號、4號與6號縱列色彩的搭配或寒色系的18、20與22號的搭配，都稱之為類似色相的配色，這是是彩妝用的最多的配色系列，圖九則為暖色系的類似配色，圖十則為寒色系的類似配色。

圖九　眼影的橙色與口紅的深紅色是暖色系裡的類似色

同色相配色與類似色相的配色，一般用於較正式的場合，如上班、正式晚宴等。

圖十　類似色的配色：淺藍眼影與淺紫口紅是屬於寒色系的類似色

（三） 對比色相的配色

圖五中的任何一個號碼的色彩，除去左右各三列的色彩，所餘的則是這個號碼的對比色相。如以4號的橙紅為例，除去右邊的6號、8號、10號以及左邊算起的2號、24號、22號所餘的12號、14號、16號、18號與20號，則為4號的對比色，如圖十一口紅與腮紅用的是2號的色系，眼影則用的是10、12、14的色彩。一般對比色相的配色，用於休閒妝或較屬娛樂性高的晚會。

圖十一

三、明度在彩妝上的重要性

　　光是好的配色是沒辦法做好彩妝的，任何色彩除了含有色相外，尚有彩度與明度，其中尤其是明度是非常重要的，塑造立體感是要靠明度的處理，這就是美容教育重視素描訓練的理由，我們看一下圖十二的**A**與**B**，**A**與**B**同樣是淺褐的東西，**A**只是一張淺褐的圓形紙，而**B**是一個非常有實質感的球體，因為**B**有了明暗的處理。

　　由此可以了解明暗在塑造立體感的重要性，美容師必需非常了解色彩中明度作用。

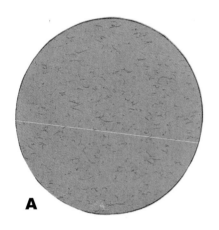
A

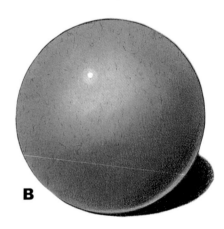
B

圖十二

圖十三中的**A**圖是一張無生命力的一個平面，**B**由於有明暗的處理，看起來是一個活生生的美女，請記住明暗的處理是彩妝上成敗的重要關鍵。

圖十三

圖十四

四、正式場合的彩妝美學

1.上班場合：

a. 暖色系的淡妝：這種化妝較適合於夏天使用或學校畢業剛進社會的新鮮人使用。

b. 暖色系的濃妝：適合於秋冬的季節打扮或較成熟的女性使用。

c. 寒色系的淡妝：可表現清純的感覺，但要膚色白的人較適合。

d. 寒色系的濃妝：適合於秋冬季節。

色彩之寒暖色

色相\色調	暖色系						寒色系					
	2 紅	4 橙紅	6 橙	8 黃	10 黃綠	12 綠	14 青	16 翠藍	18 藍	20 紫藍	22 紫	24 紫紅
V												
B												
LT												
P												
LTG												
G												
D												
DP												
DK												

1. 上班場合

a. 暖色系的淡妝：

圖十四這是類似色的配色，適合於年輕、皮膚較白的上班族

圖十五 類似色系的搭配，咖啡色給人較成熟穩重感，但眼影上的
　　　黃色卻可以年輕化

圖十六 口紅的深紅配以黑色與黃色的強烈對比眼影，給人有自信又成
熟的感覺

圖十七這是同色相的配色，高彩度的同色相給人較活潑年輕的感覺

圖十八 這也是同色相的配色,但彩度比圖十七低,低彩度給人較
　　　穩重的感覺

　　一般美容乙級檢定考時，並不要求畫睫毛，但畫彩妝素描時，有畫睫毛與沒畫睫毛其效果相差是非常大的，我們仔細看下面幾張有畫睫毛的來比較看看就知道。

圖十九　這張屬類似配色

圖二十　雖然屬暖色系的類似色，由於眼影的色相、明度與口紅的有點距差，所以看起來較活潑，睫毛的處理使圖面增強媚力不少

圖二十一利用同色相的配色，同色相的配色是最容易調和的

圖二十二類似色的配色，眼頭上加深明度有助於讓眼睛看起來更有媚力

b. 暖色系濃妝

這種彩妝較適合於成熟的女性，或穿著較正式或秋冬季節

圖二十三 彩度高的類似色，較適合年輕上班族

圖二十四 明度較低的類似色,看起來較嚴肅,適合於成熟的
　　　　 上班族

圖二十五　同色相的配色，高彩度的口紅有助於掩飾雙腮的缺點，如寬臉、尖臉
　　　　　或圓臉型人的雙腮

圖二十六　同色相的配色，這種程度的彩妝正好界於濃妝與淡妝之間，是一般上
　　　　　班族最適合的

圖二十七　這種同色相低彩度，又接近無彩色的彩妝，給人的感覺較冷酷嚴肅，想塑
　　　　　造威嚴的女主管可考慮使用

圖二十八　類似色的配色

圖二十九　同色相的配色

圖三十　　同色相配色

圖三十一　同色相配色

圖三十二　　低彩度的同色相配色

圖三十三　　類似色相的配色

圖三十四　　近似同色相之類似色配色

c.寒色系淡妝

圖三十五　　類似色的配色，年輕皮膚又白皙的人適合於這種
　　　　　　清純的彩妝

圖三十六　類似色的配色，紫色給人的感覺很浪漫

圖三十七　　同色相的配色，適合於秋冬的上班族

圖三十八　同色相的配色，彩度低的彩妝給人感覺較穩重

圖三十九　皮膚白皙的年輕上班族，適合於剛進社會階段的彩妝

圖四十　　同色相的配色，眼尾加暗以及口紅加深給人感覺較成熟

圖四十一　　眼影的藍與口紅的紫紅成對比的關係，但同屬寒色系眼影的色相與口
　　　　　　紅色相的距離愈遠愈能表現年輕活潑的感覺

圖四十二　　近乎同色相的類似色的搭配,紫色系很容易引起男性的幻想

圖四十三　類似色的配色，輕柔的紫色系最易製造浪漫的氣氛

圖四十四　對比色的配色

圖四十五　同色相的搭配，非常優美調和

圖四十六　雖然眼影與口紅是對比的關係，但由於彩度並不高，
並沒有一般對比色的野性感，有一種另類個性美

d.寒色系濃妝

圖四十七　　在同色相的眼影與口紅中，眼上強烈的黃色塑造了特有
　　　　　　的個性美

圖四十八　　類似色的搭配，高彩度的紫色系給人一種成熟而神秘之
　　　　　　感

圖四十九　　同色相的配色，黑色的眼框給人嚴肅的感覺

圖五十　　這張的配色幾乎與圖四十七的一樣，但沒有圖四十七的強烈，主
　　　　　要原因這張彩妝眼頭沒加深，黃色溶在眼頭，沒有圖四十八的突
　　　　　出效果

圖五十一　　低明度又是低彩度的彩妝，給人感覺總是很嚴肅

圖五十二　類似色的配色，高彩度的紫紅色可以塑造成熟而豔麗的
感覺

圖五十三　對比色相的配色

圖五十四　類似色相的配色

圖五十五　類似色之配色

圖五十六

同色相的配色

圖五十七

類似色的配色，一般較正規的日間上
班族並不適合使用高彩度的藍色系，
這種彩妝較適合晚間的上班族

2. 晚宴場合

一般晚間燈都沒日間強，因此以濃妝為宜，眼影的強化是必需的。

形象

圖五十九　　對比色的配色，上眼影用的是藍色，下眼影用的是紫色，這樣可以
　　　　　　緩和藍色與紫紅口紅的對比關係

圖六十　　　類似配色，紫色的眼影外圍加上補色關係的黃色，使紫色更生動

圖六十一　　類似色配色，降低口紅的彩度，有助於焦點集中於美麗的眼眉部

圖六十二　　對比色相的配色，色相用多了可以緩和嚴肅性

圖六十三　　對比色相的配色

圖六十四　對比色相的配色

圖六十五　暖色系的類似色

圖六十六　　同色相的配色

圖六十七　　類似色相的配色

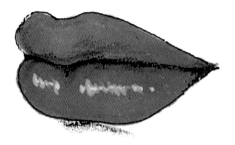

圖六十八　同色相的配色

圖六十九　類似色相的配色

圖七十　類似色的配色

圖七十一　　類似色的配色

3. 新娘妝

a. 華麗型：

口紅的彩度加強，而眼睛的彩度一樣加強外，明暗處理再強調些就可塑造出華麗的感覺

圖七十二　　對比色的配色

圖七十三　類似色的配色

圖七十四　同色相的配色

圖七十五　　同色相的配色

圖七十六　對比色相的配色

圖七十七　　類似色相的配色

b. 清純型：

以P色調（粉色調）中粉紫紅色系較易塑造出清純的形象，但避免使用對比關係的色相搭配為宜。

圖七十八　類似色的配色

圖七十九　類似色的配色

圖八十　類似色的配色

圖八十一　　同色相的配色

圖八十二　同色相的配色

圖八十三　同色相的配色

五、 非正式場合的彩妝美學＿＿休閒妝

一般休閒妝可用大膽的對比色，可增加不少活潑的形象

1．日間休閒妝：

可用對比色，但色彩不必太濃，彩度也不必太高。

圖八十四　　這種輕柔的對比彩妝很適合年輕人郊遊時的彩妝

圖八十五　　一樣是輕柔的對比色

圖八十六　　對比色的配色，提高一點彩度有增加些艷麗感

圖八十七　　口紅與眼影的強烈對比，塑造的一股年輕有活力的形象

2．晚間休閒妝：

參加類似歡狂晚會時，彩妝可用較強烈色彩，塑造另類的自我。

圖八十八　豐富色彩，可塑造熱鬧的晚會氣氛

圖八十九　　強烈的彩妝有些偽裝的作用，可增加忘我的境地

圖九十　　對比色的配色

圖九十一　　這種可愛大膽的彩妝，一定是晚會
　　　　　　的主角

圖九十二　　這類的對比色在狂歡晚會中算
　　　　　　是較保守的淡妝

六、 創意彩妝

一般創意彩妝用於比賽或發表會上，可以自由發揮的地方，另外如日本原宿地區也是創意彩妝，最容易看到的地方。

圖九十三　同色配色

圖九十四　同色相配色

圖九十五　類似色相的配色

圖九十六　對比色相的配色

make up

圖九十七　對比色相的配色

圖九十八　同色相的配色

圖九十九　　對比色相的配色

圖一○○　　對比色相的配色

圖一○一　　對比色相之配色

七、 舞台妝

舞台妝與舞台的情況有關,如服飾模特兒走秀時的彩妝,必定要考慮到流行以及服飾的色彩,如果是舞台演員的話就與角色有關,但都有一個共同點,就是舞台上的演員與觀眾席的觀眾之間有一段距離,因此彩妝強調彩度、明暗對比是絕對需要的。

圖一○二 同色相的配色,紫紅與粉紅是台灣歌仔戲最常用的舞台妝色彩

圖一〇三　　強烈的對比色在舞台上是必要的

圖一〇四　對比配色

圖一〇五　　強調線條是舞台妝常用的手段之一

圖一〇六　　把眼尾線往上揚是舞台妝常用的手段，可把角色人輕年化

圖一〇七　臉上彩花也是舞台妝常用的化妝術之一

圖一○八　同色相的配色

圖一○九　　一般舞台妝慣用暖色系，主要是暖色系較有膨脹性，比較看得清
　　　　　楚

八、 色彩與燈光的關係

色彩會受到有色光源的影響是很大的,在舞台設計上投射光的設計就如音樂廳的音響效果的設計一樣重要。

美容師一樣對此也必需有充分的了解才行,因為彩妝會受燈光影響是大家知道的,卻沒人確實知道如何影響,學校也沒人教,就是美容補習班也沒人教,有關美容的書籍也很少談到這方面的問題。

在照明度高而其色光又接近自然色的場合,如百貨公司一樓賣場或如「7-11」的超商的情況,一般色彩的變化並不大。

一般彩妝會受影響的場合:諸如舞會中的照明,晚會中照明度不高的情況或是舞台上較強的有色透射光,大家只知道色彩受到色光的影響,卻很少人知道其實影響更大的是照明色光的亮度,其變化是一般人想像不到的,一般色彩在較弱的色光下,色相變外明度一定降低,但在較強的投射色光下,色相也會變淡明度會增加很大,如圖一一一所示藍色不管在弱光或強光下變化最大,一般波長較長的暖色受色光的影響沒有波長較短的寒色系來得大,圖一一一裡內D、C所表示的色光中的強弱,強:指的是如圖一一OA所示的用E(有色透明玻璃紙)包在手電筒所投射出較強的色光,而弱:指是如圖一一OB所示的用E包在檯燈所發出較弱的色光。

由此可知寒色系的彩妝受色光的影響比暖色系的彩妝來得大,一般舞台妝用暖色系較多這也是原因之一。

圖一一OA

B

有色光線給色彩的影響

光線的強弱影響色相的變化是非常大的

A：編號 B：色名 C：強弱 D：光色 E：有色透明玻璃紙

E	D	C	A	1	2	3	4	5	6	7
			B	白	紅	橙	黃	綠	藍	紫
	紅	弱		粉紅	紅	紅	橙	深灰	紫	暗紅
		強		粉紅	橙	黃橙	黃	淺黃	粉紫	粉紅
	黃	弱		黃	橙紅	黃橙	黃	黃綠	綠	咖啡
		強		白	黃	淺黃	淺黃	白	黃	黃
	綠	弱		綠	褐	黃綠	黃綠	綠	藍綠	暗綠
		強		白	橙黃	鵝黃	淺黃	淺綠	淺藍	黃
	藍	弱		藍	暗紅	土黃	黃綠	藍綠	藍	褐
		強		白	橙紅	淺土黃	淺黃綠	淺藍綠	淺藍	粉紅
	紫	弱		紫	紅紫	暗紅	褐	深藍	紫藍	深藍
		強		粉紫	紫紅	紫	紫	紫	紫	紫

圖一一一

這部份請早獲乙級美容資格又是指導乙丙
級經驗豐富的黎娥佑老師來執筆。

九、乙級美容檢定彩妝術科要點

1. 各種臉型的修飾要點：

（一）方形臉(A)

特徵：單眼皮眼型、鼻頭大的鼻型。

修飾部位★眉型（眉毛）★眼型（眼影、眼線）★鼻型（鼻影）
　　　　★唇型（唇部）★臉型（腮紅、粉底）

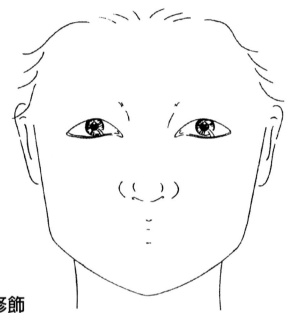

方形臉的修飾

粉底	（針對輪廓能明暗區分、粉底以明暗膚色為限，不得使用其他顏色）。 1. 明暗色粉底位置：上額、下顎以暗色修飾（耳下至下顎角，上額髮際至太陽穴）。 2. 色彩：勻稱、漸層。
腮紅	（以腮紅的化妝品為主）。 1. 由顴骨方向往嘴角刷成狹長型（略圓）。 2. 色彩：勻稱、漸層。
眉型	（不限材質）。 1. 眉型：有弧度（不可有角度或直線眉）。 2. 色彩：勻稱、自然。
唇型	（以唇部化妝品為主）。 1. 唇型：唇峰不可太尖下唇稍寬（船型底）。 2. 色彩：勻稱、自然。
單眼皮	1. 色彩：勻稱、自然。 2. 單色或雙色漸層或假雙。
眼線	自然描繪，線條順暢。
鼻頭大	修飾位置：由眉頭向下刷，鼻翼兩側以暗色修飾。 色彩：勻稱、自然。

（二）方形臉(B)

特徵：浮腫眼型、長鼻型。

修飾部位★眉型（眉毛）★眼型（眼影、眼線）★鼻型（鼻影）
　　　　★唇型（唇部）★臉型（腮紅、粉底）

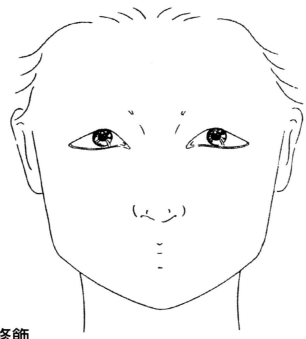

方形臉的修飾

粉底	（針對輪廓能明暗區分、粉底以明暗膚色為限，不得使用其他顏色）。 1.明暗色粉底位置：上額、下顎以暗色修飾（耳下至下顎角，上額髮際至太陽穴）。 2.色彩：勻稱、漸層。
腮紅	（以腮紅的化妝品為主）。 1.由顴骨方向往嘴角刷成狹長型（略圖）。 2.色彩：勻稱、漸層。
眉型	（不限材質）。 1.眉型：有弧度（不可有角度或直線眉）。 2.色彩：勻稱、自然。
唇型	（以唇部化妝品為主）。 1.唇型：唇峰不可太尖下唇稍寬（船型底）。 2.色彩：勻稱、自然。
浮腫眼皮	1.色彩：勻稱、自然。 2.近睫毛處與浮腫處以暗色漸層修飾。
眼線	自然描繪，線條順暢。
長鼻型	修飾位置：由眉頭向下刷，鼻翼兩側以暗色修飾。 色彩：勻稱、自然。

（三）圓形臉(A)

特徵：下垂眼型、粗又塌鼻型。

修飾部位★眉型（眉毛）★眼型（眼影、眼線）★鼻型（鼻影）
　　　　★唇型（唇部）★臉型（腮紅、粉底）

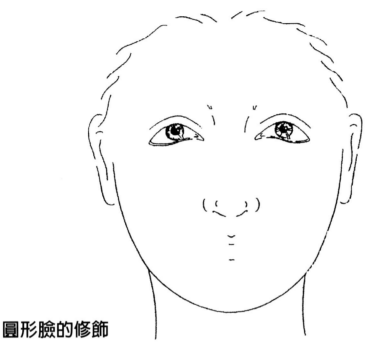

圓形臉的修飾

粉底	（針對輪廓能明暗區分、粉底以明暗膚色為限，不得使用其他顏色）。 1.明暗色粉位置：耳中至下顎以暗色修飾，上額、下巴以明色修飾。 2.色彩：勻稱、漸層。
腮紅	（以腮紅的化妝品為主）。 1.由顴骨方向往嘴角刷成狹長型。 2.色彩：勻稱、漸層。
眉型	（不限材質）。 1.眉型：由眉頭斜上，眉峰略帶角度或弧度。 2.色彩：勻稱、自然。
唇型	（以唇部化妝品為主）。 1.唇型：唇峰帶角度下唇不宜太尖太圓。 2.色彩：勻稱、自然。
下垂眼型	1.色彩：勻稱、自然。 2.眼尾彩色加濃且上揚。
眼線	1.上眼線：眼尾前內側即上揚 2.下眼線：水平稍上揚。
粗又塌	修飾部置：由眉頭稍向鼻樑內側，以暗色刷至鼻翼，鼻樑以明色修飾。 色彩：勻稱、自然。

（四）圓形臉(B)

特徵：浮腫眼型、短鼻型。

修飾部位★眉型（眉毛）★眼型（眼影、眼線）★鼻型（鼻影）
　　　　★唇型（唇部）★臉形（腮紅、粉底）

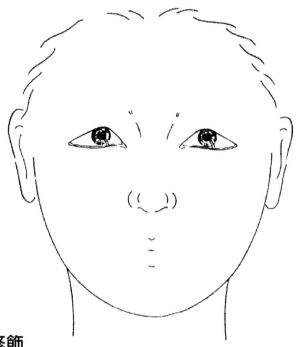

圓形臉的修飾

粉底	（針對輪廓能明暗區分、粉底以明暗層色為限，不得使用其他顏色）。 1.明暗色粉位置：耳中至下顎以暗色修飾，上額、下巴以明色修飾。 2.色彩：勻稱、漸層。
腮紅	（以腮紅的化妝品為主）。 1.由顴骨方向往嘴角刷成狹長型。 2.色彩：勻稱、漸層。
眉型	（不限材質）。 1.眉型：由眉頭斜上，眉峰略帶角度或弧度。 2.色彩：勻稱、自然。
唇型	（以唇部化妝品為主）。 1.唇型：唇峰帶角度下唇不宜太尖太圓。 2.色彩：勻稱、自然。
浮腫眼型	1.色彩：勻稱、自然。 2.近睫毛處與浮腫處以辦色漸層修飾。
眼線	自然描繪，線條順暢。
短鼻型	修飾部置：由眉頭刷至鼻頭兩側。 色彩：勻稱、自然。

（五）長形臉(A)

特徵：單眼皮眼型、短鼻型。

修飾部修★眉型（眉毛）★眼型（眼影、眼線）★鼻型（鼻影）

★唇型（唇部）★臉形（腮紅、粉底）

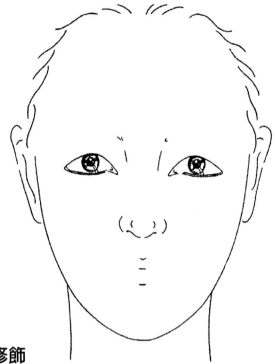

長形臉的修飾

粉底	（針對輪廓能明暗區分、粉底以明暗膚色為限，不得使用其他顏色）。 1.明暗色粉位置：上額、下巴以暗色修飾，（兩頰以明色修飾與否不列入評分）。 2.色彩：勻稱、漸層。
腮紅	（以腮紅的化妝品為主）。 1.由顴骨方向往內橫刷。 2.色彩：勻稱、漸層。
眉型	（不限材質）。 1.眉型：略呈水平 2.色彩：勻稱、自然。
唇型	（以唇部化妝品為主）。 1.唇型：唇峰避免角度，唇寬不宜超過瞳孔內側。 2.色彩：勻稱、自然。
單眼皮	1.色彩：勻稱、自然。 2.單色或雙色漸層或假雙。
眼線	自然描繪，線條順暢。
短鼻型	修飾部置：由眉頭刷至鼻頭兩側。 色彩：勻稱、自然。

（六）長形臉(B)

特徵：下垂眼型、粗又塌的鼻型。

修飾部修★眉型（眉毛）★眼型（眼影、眼線）★鼻型（鼻影）

    ★唇型（唇部）★臉形（腮紅、粉底）

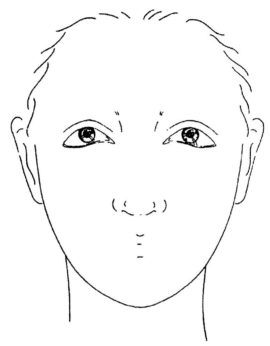

長形臉的修飾

粉底	（針對輪廓能明暗區分、粉底以明暗膚色為限，不得使用其他顏色）。 1.明暗色粉位置：上額、下巴以暗色修飾，（兩頰以明色修飾與否不列入評分）。 2.色彩：勻稱、漸層。
腮紅	（以腮紅的化妝品為主）。 1.由顴骨方向往內橫刷。 2.色彩：勻稱、漸層。
眉型	（不限材質）。 1.眉型：略呈水平 2.色彩：勻稱、自然。
唇型	（以唇部化妝品為主）。 1.唇型：唇峰避免角度，唇寬不宜超過瞳孔內側。 2.色彩：勻稱、自然。
下垂 眼型	1.色彩：勻稱、自然。 2.眼尾彩色加濃且上揚。
眼線	1.上眼線：眼尾前內側即上揚 2.下眼線：水平稍上揚。
粗又塌	修飾部置：由眉頭稍向鼻樑內側，以暗色刷至鼻翼，鼻樑以明色修飾。 色彩：勻稱、自然。

圖一一七

（七）　倒三形臉(A)

特徵：凹陷眼型、鼻頭大的鼻型。

修飾部修★眉型（眉毛）★眼型（眼影、眼線）★鼻型（鼻影）

　　　　★唇型（唇部）★臉形（腮紅、粉底）

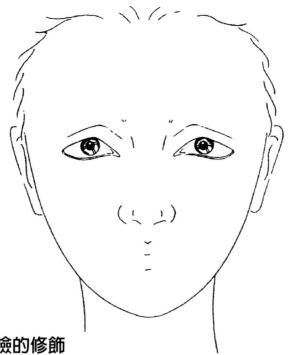

倒三角形臉的修飾

粉底	（針對輪廓能明暗區分、粉底以明暗膚色為限，不得使用其他顏色）。 1.明暗色粉位置：上額兩側以暗色修飾，下顎兩側以明色修飾。 2.色彩：勻稱、漸層。
腮紅	（以腮紅的化妝品為主）。 1.由顴骨方向往內橫刷，位置略高，稍短。 2.色彩：勻稱、漸層。
眉型	（不限材質）。 1.眉型：不適合直線眉或有角度眉。 2.色彩：勻稱、自然。
唇型	（以唇部化妝品為主）。 1.唇型：下唇不宜太寬及太尖。 2.色彩：勻稱、自然。
凹陷 眼型	1.色彩：勻稱、自然。 2.凹陷處以明色修飾。
眼線	自然描繪，線條順暢。
鼻頭大	修飾部置：由眉頭向下刷，鼻翼兩側以暗色修飾。 色彩：勻稱、自然。

圖一一八

（八）倒三形臉(B)

特徵：上揚眼型、粗又塌的鼻型。

修飾部修★眉型（眉毛）★眼型（眼影、眼線）★鼻型（鼻影）

　　　　★唇型（唇部）★臉形（腮紅、粉底）

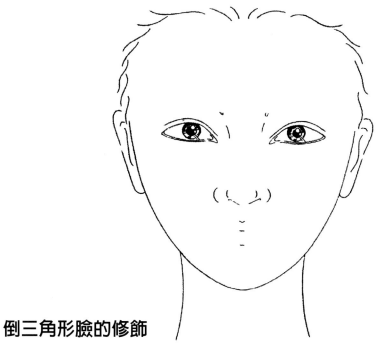

倒三角形臉的修飾

粉底	（針對輪廓能明暗區分、粉底以明暗膚色為限，不得使用其他顏色）。 1.明暗色粉位置：上額兩側以暗色修飾，下顎兩側以明色修飾。 2.色彩：勻稱、漸層。
腮紅	（以腮紅的化妝品為主）。 1.由顴骨方向往內橫刷，位置略高，稍短。 2.色彩：勻稱、漸層。
眉型	（不限材質）。 1.眉型：不適合直線眉或有角度眉。 2.色彩：勻稱、自然。
唇型	（以唇部化妝品為主）。 1.唇型：下唇不宜太寬及太尖。 2.色彩：勻稱、自然。
上揚 眼型	1.色彩：勻稱、自然。 2.上眼影自然表現，下眼影眼尾處加深加寬。
眼線	1.上眼線自然描線，線條順暢。 2.下眼線呈水平。
粗又塌	修飾部置：由眉頭稍向鼻樑內塗，以暗色刷至鼻翼，鼻樑以明色修飾。 色彩：勻稱、自然。

（九）菱形臉(A)

特徵：下垂眼型、長鼻型。

修飾部修★眉型（眉毛）★眼型（眼影、眼線）★鼻型（鼻影）
　　　　★唇型（唇部）★臉形（腮紅、粉底）

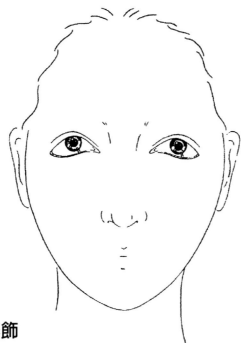

菱形臉的修飾

粉底	（針對輪廓能明暗區分、粉底以明暗膚色為限，不得使用其他顏色）。 1.明暗色粉位置：上額、下顎兩側以明色修飾。 2.色彩：勻稱、漸層。
腮紅	（以腮紅的化妝品為主）。 1.由顴骨為中心刷成圓弧形。 2.色彩：勻稱、漸層。
眉型	（不限材質）。 1.眉型：眉型避免有明顯眉峰，以較平直之線條為主，眉長比眉尾稍長。 2.色彩：勻稱、自然。
唇型	（以唇部化妝品為主）。 1.唇型：唇峰不宜太尖，下唇不宜太寬及太尖。 2.色彩：勻稱、自然。
下垂 眼型	1.色彩：勻稱、自然。 2.眼尾色彩加濃且上揚。
眼線	1.上眼線：眼尾前內側即上揚 2.下眼線：水平稍上揚。
長鼻型	修飾部置：由眉頭下方刷至鼻側1/3處，鼻尖以明色修飾。 色彩：勻稱、自然。

圖一二○

（十）菱形臉(B)

特徵：凹陷眼型、鼻頭大的鼻型。

修飾部修★眉型（眉毛）★眼型（眼影、眼線）★鼻型（鼻影）

★唇型（唇部）★臉形（腮紅、粉底）

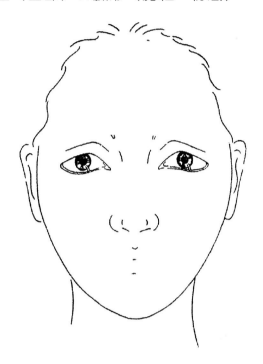

菱形臉的修飾

粉底	（針對輪廓能明暗區分、粉底以明暗膚色為限，不得使用其他顏色）。 1.明暗色粉位置：上額、下顎兩側以明色修飾。 2.色彩：勻稱、漸層。
腮紅	（以腮紅的化妝品為主）。 1.由顴骨為中心刷成圓弧形。 2.色彩：勻稱、漸層。
眉型	（不限材質）。 1.眉型：眉型避免有明顯眉峰，以較平直之線條為主，眉長比眉尾稍長。 2.色彩：勻稱、自然。
唇型	（以唇部化妝品為主）。 1.唇型：唇峰不宜太尖，下唇不宜太寬及太尖。 2.色彩：勻稱、自然。
凹陷眼型	1.色彩：勻稱、自然。 2.凹陷處以明色修飾。
眼線	自然描繪，線條順暢。
鼻頭大	修飾部置：由眉頭向下刷，鼻翼兩側以暗色修飾。 色彩：勻稱、自然。

新娘設計圖

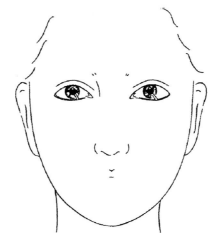

新娘設計圖評分說明

工作項目	題號	評分內容	配分	評　分　說　明
新娘化妝設計圖	1	設計圖色彩符合主	1	■ 設計圖的色彩與主題： （清純型、華麗型）切合。
	2	設計圖色	2	■ 設計圖的色彩與實作的色彩符合。
	3	眉型修飾	1	■ 設計圖的眉型與實作的眉型符合。
	4	眼影修飾	1	■ 設計圖的眼影修飾與實作的眼影符合。
	5	眼線修飾	1	■ 設計圖的眼線修飾與實作的眼線符合。
	6	鼻影修飾	1	■ 設計圖的鼻影修飾與實作的鼻影符合。
	7	腮紅修飾	1	■ 設計圖的腮紅修飾與實作的腮紅符合。
	8	唇型修飾	1	■ 設計圖的唇形修飾與實作的唇形符合。
	9	設計圖圖	1	■ 設計圖、圖面上潔淨。
總　　　分			10	

2.各種臉型依修飾要點修飾示範

（一）方型臉(A)

檢定日期： 月 日
術科編號：＿＿＿＿＿＿

組別：☐ A
　　　☐ B
　　　☐ C
　　　☐ D
（請勾選）

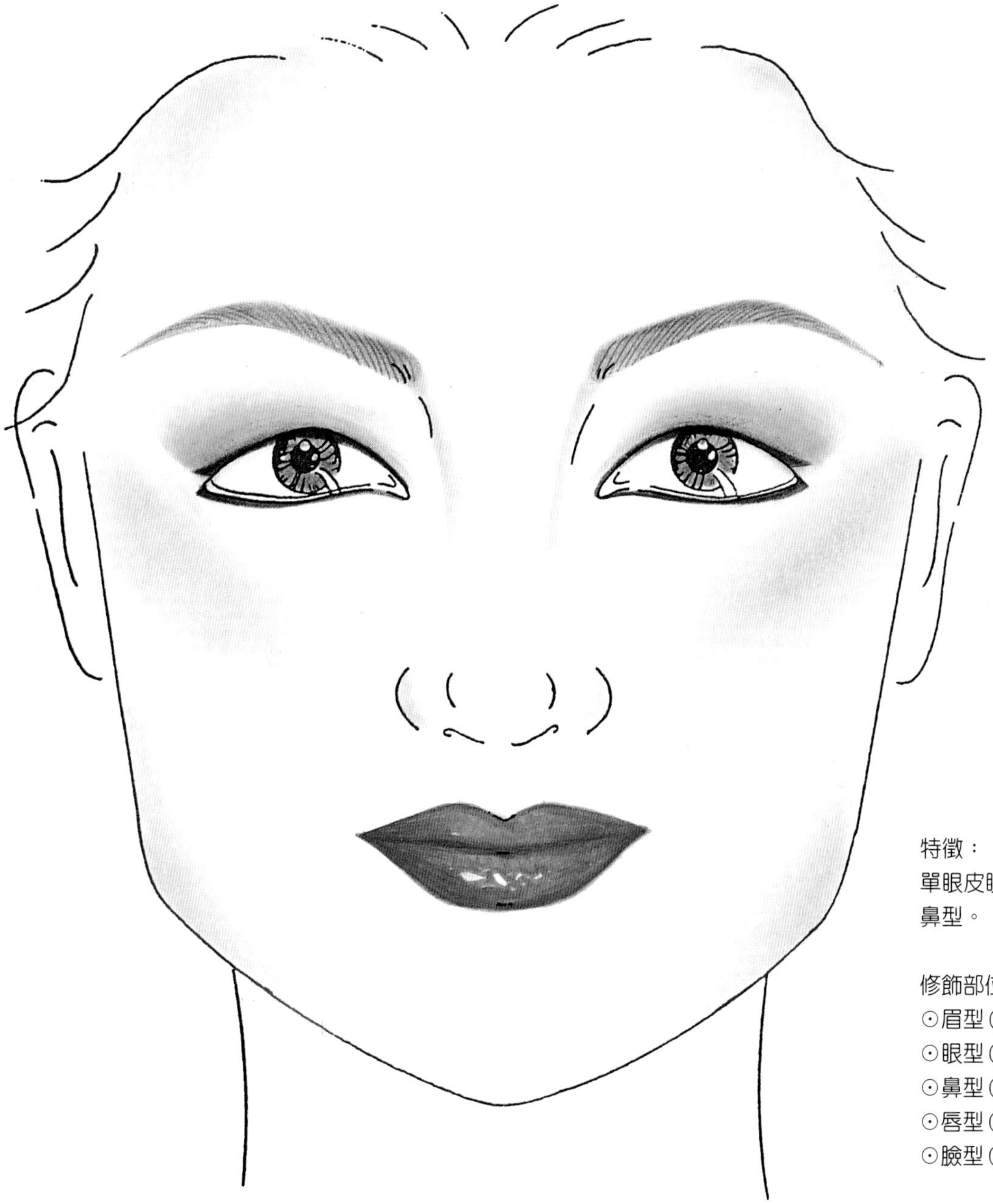

圖一二三

特徵：
單眼皮眼型、鼻頭大的
鼻型。

修飾部位。
⊙眉型(眉毛)
⊙眼型(眼影、眼線)
⊙鼻型(鼻影)
⊙唇型(唇部)
⊙臉型(腮紅、粉底)

承辦單位簽章：

(二)方型臉(B)

檢定日期： 月 日
術科編號： _____

組別： □ A
　　　 □ B
　　　 □ C
　　　 □ D

（請勾選）

特徵：
浮腫眼型、長鼻型。

修飾部位。
⊙眉型(眉毛)
⊙眼型(眼影、眼線)
⊙鼻型(鼻影)
⊙唇型(唇部)
⊙臉型(腮紅、粉底)

圖一二四

承辦單位簽章：

(三) 圓型臉 (A)

檢定日期： 月 日
術科編號： ＿＿＿＿

組別： ☐ A
☐ B
☐ C
☐ D
（請勾選）

特徵：
下垂眼型、粗又塌的鼻型。

修飾部位。
⊙眉型 (眉毛)
⊙眼型 (眼影、眼線)
⊙鼻型 (鼻影)
⊙唇型 (唇部)
⊙臉型 (腮紅、粉底)

圖一二五

承辦單位簽章：

(四) 圓型臉 (B)

檢定日期： 月 日
術科編號： _____

組別： ☐ A
　　　 ☐ B
　　　 ☐ C
　　　 ☐ D
（請勾選）

特徵：
浮腫眼型、短鼻型。

修飾部位。
⊙眉型 (眉毛)
⊙眼型 (眼影、眼線)
⊙鼻型 (鼻影)
⊙唇型 (唇部)
⊙臉型 (腮紅、粉底)

圖一二六

承辦單位簽章：

(五)長型臉(A)

檢定日期： 月 日
術科編號：________

組別：□ A
□ B
□ C
□ D
(請勾選)

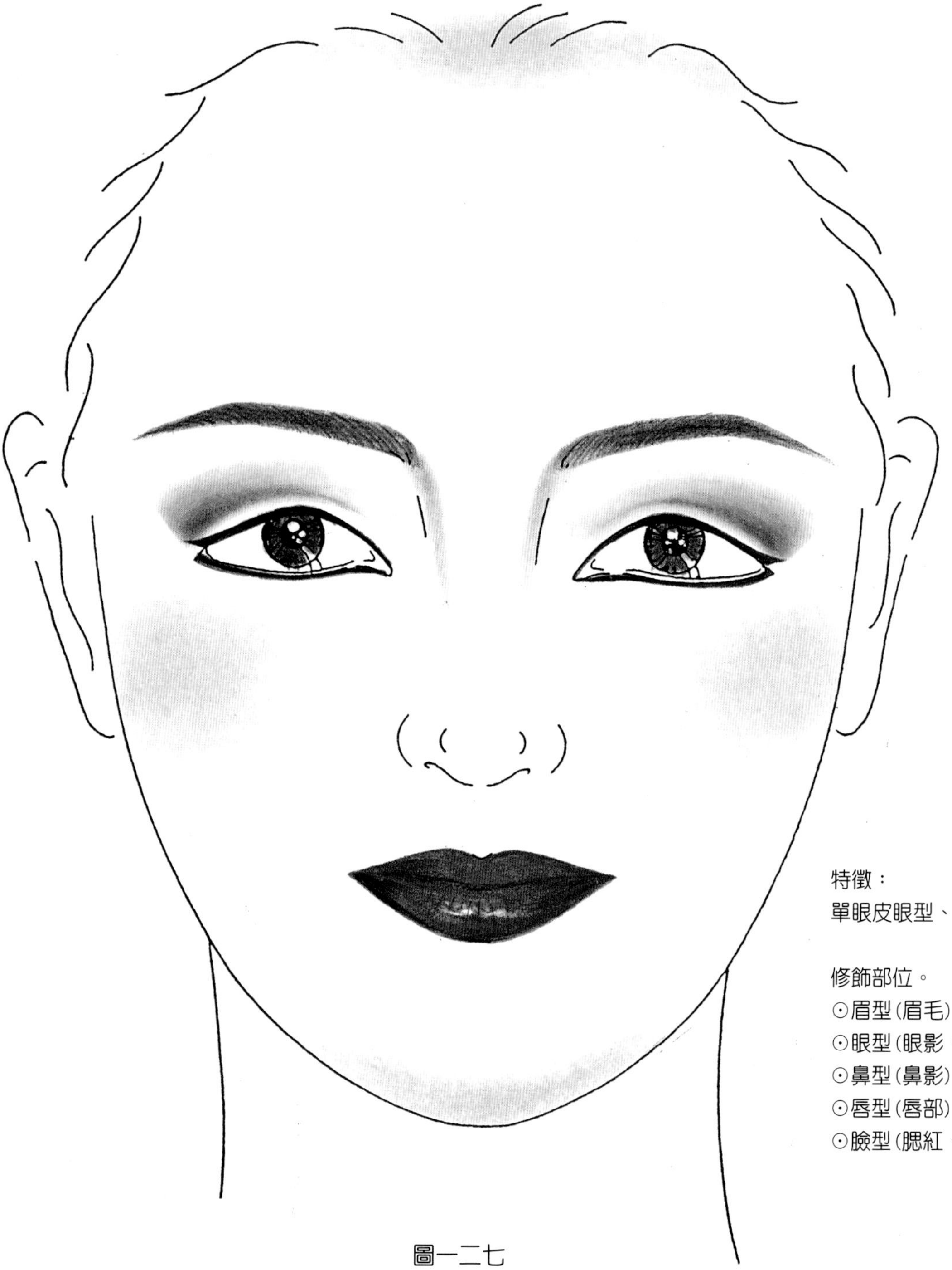

特徵：
單眼皮眼型、短鼻型。

修飾部位。
⊙眉型(眉毛)
⊙眼型(眼影、眼線)
⊙鼻型(鼻影)
⊙唇型(唇部)
⊙臉型(腮紅、粉底)

圖一二七

承辦單位簽章：

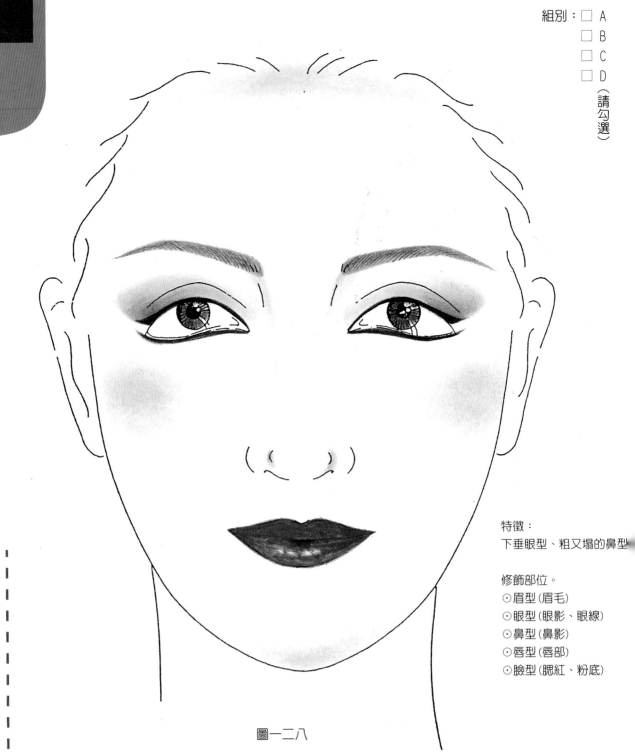

(六) 長型臉(B)

檢定日期： 月 日
術科編號：＿＿＿＿＿＿

組別：☐ A
　　　 ☐ B
　　　 ☐ C
　　　 ☐ D
（請勾選）

特徵：
下垂眼型、粗又塌的鼻型

修飾部位。
⊙眉型 (眉毛)
⊙眼型 (眼影、眼線)
⊙鼻型 (鼻影)
⊙唇型 (唇部)
⊙臉型 (腮紅、粉底)

圖一二八

承辦單位簽章：

（七）倒三角型臉（A）

檢定日期： 月 日

術科編號： _____

組別： ☐ A
　　　 ☐ B
　　　 ☐ C
　　　 ☐ D

（請勾選）

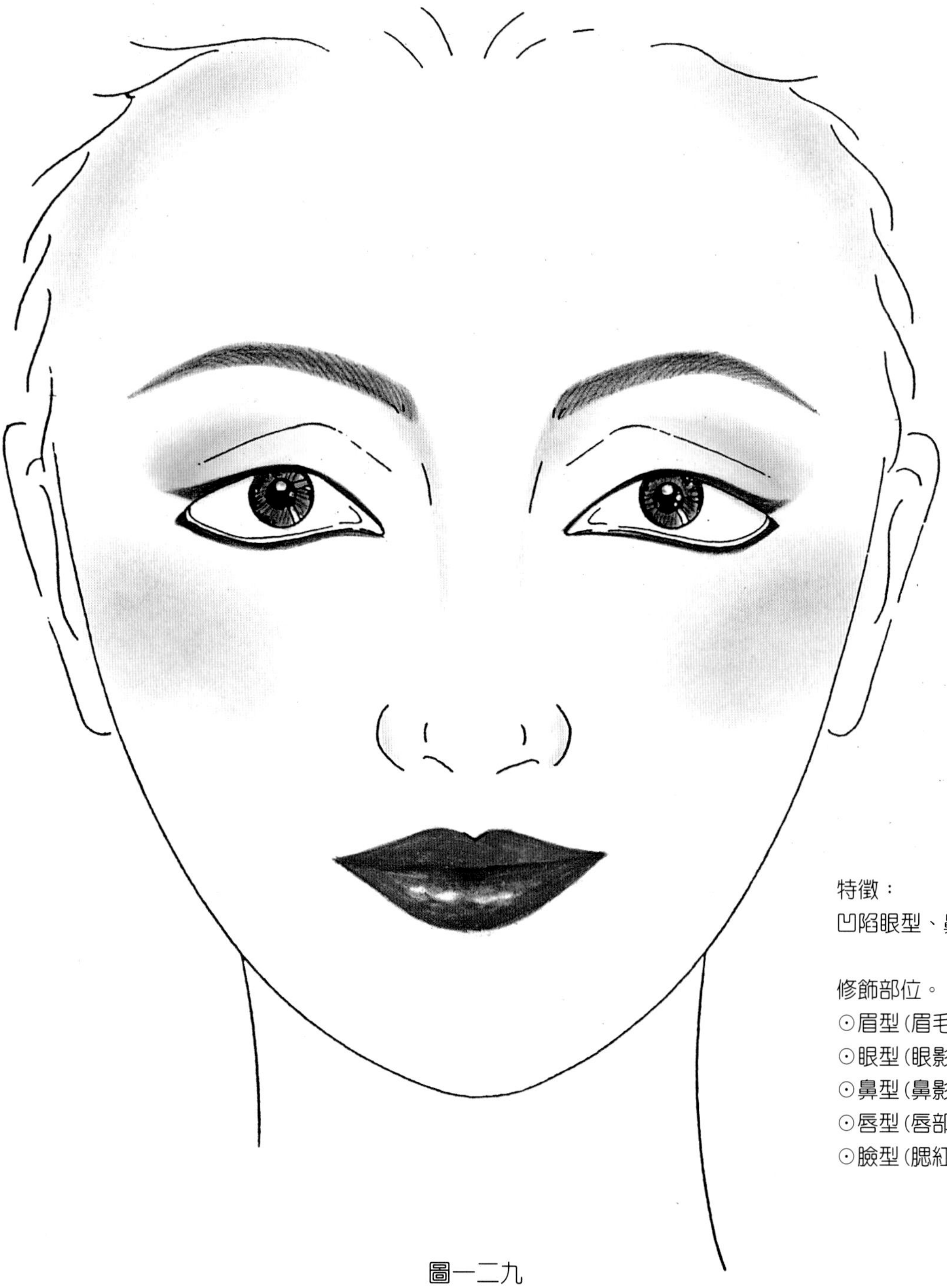

特徵：
凹陷眼型、鼻頭大的鼻型。

修飾部位。
⊙眉型（眉毛）
⊙眼型（眼影、眼線）
⊙鼻型（鼻影）
⊙唇型（唇部）
⊙臉型（腮紅、粉底）

圖一二九

承辦單位簽章：

（八）倒三角型臉（B）

檢定日期： 月 日
術科編號： ＿＿＿＿＿

組別：☐ A
　　　☐ B
　　　☐ C
　　　☐ D
　　　（請勾選）

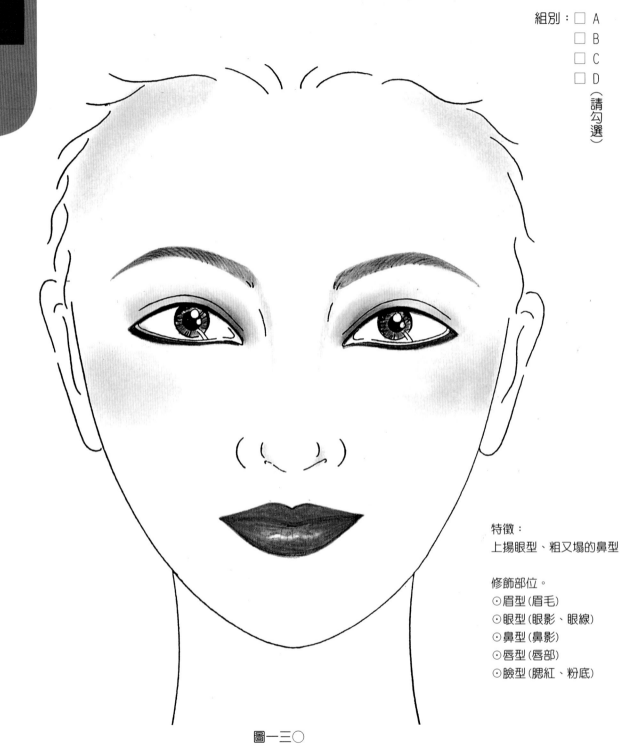

特徵：
上揚眼型、粗又塌的鼻型

修飾部位。
⊙眉型 (眉毛)
⊙眼型 (眼影、眼線)
⊙鼻型 (鼻影)
⊙唇型 (唇部)
⊙臉型 (腮紅、粉底)

圖一三〇

承辦單位簽章：

（九）菱型臉(A)

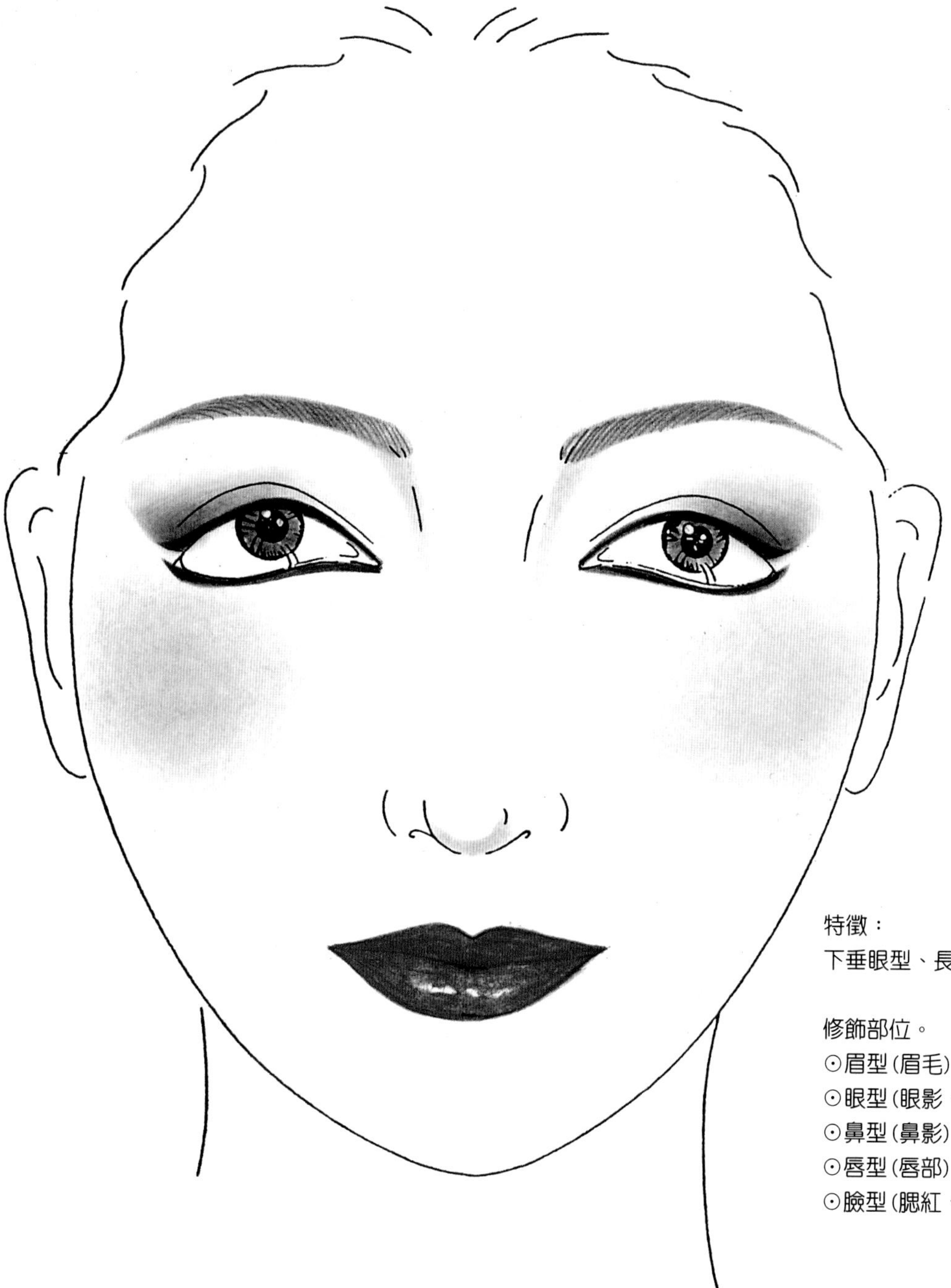

特徵：
下垂眼型、長鼻型。

修飾部位。
⊙眉型 (眉毛)
⊙眼型 (眼影、眼線)
⊙鼻型 (鼻影)
⊙唇型 (唇部)
⊙臉型 (腮紅、粉底)

圖一三一

（十）菱型臉(B)

檢定日期： 月 日
術科編號：＿＿＿＿＿

組別：☐ A
　　　☐ B
　　　☐ C
　　　☐ D
（請勾選）

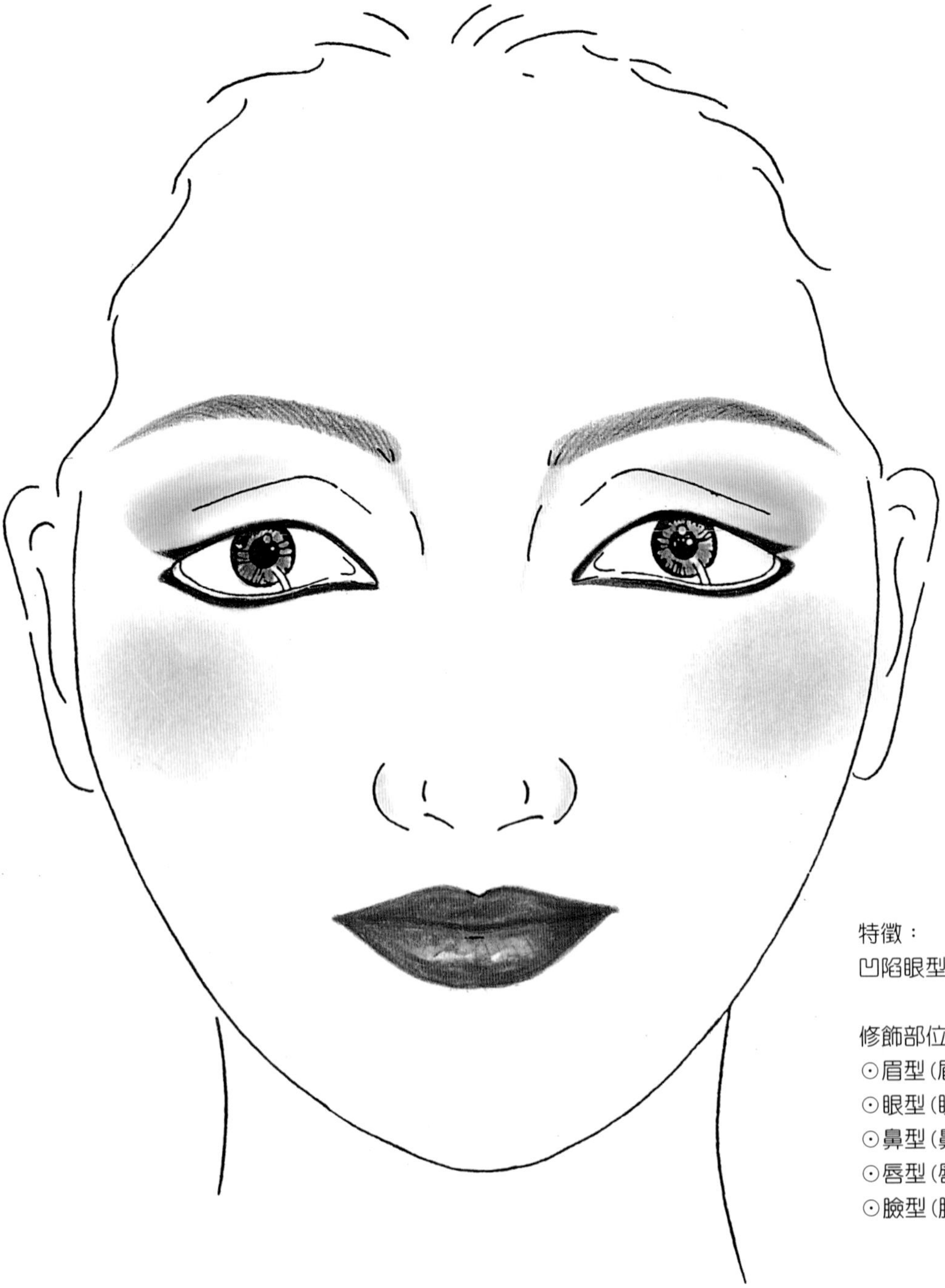

特徵：
凹陷眼型、鼻頭大的鼻型

修飾部位。
⊙眉型 (眉毛)
⊙眼型 (眼影、眼線)
⊙鼻型 (鼻影)
⊙唇型 (唇部)
⊙臉型 (腮紅、粉底)

圖一三二

承辦單位簽章：

五、新娘化妝設計圖（發給應檢人）

檢定日期：　月　日

術科編號：＿＿＿＿＿＿

組別：☐ A
　　　☐ B
　　　☐ C
　　　☐ D
　　　（請勾選）

整體感（抽選）

■ 華麗型

☐ 清純型

圖一三三

承辦單位簽章：

五、新娘化妝設計圖（發給應檢人）

檢定日期： 月 日
術科編號： _____

組別：□ A
　　　□ B
　　　□ C
　　　□ D
（請勾選）

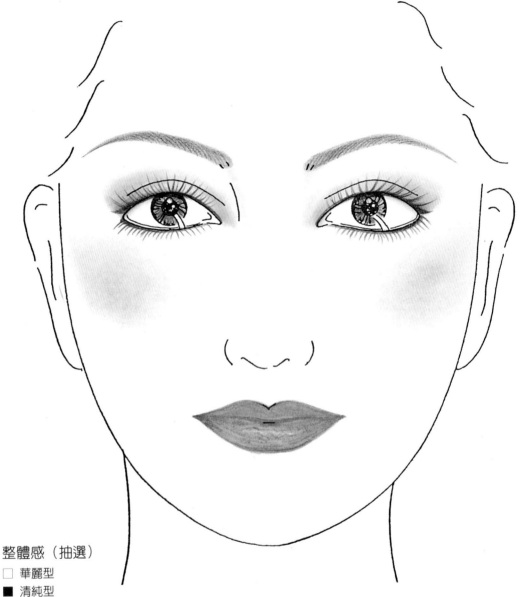

整體感（抽選）
□ 華麗型
■ 清純型

圖一三四

承辦單位簽章：

這是較正式的套裝,適
合於主管級的穿著,也較適
合於濃的彩妝,整個以類似
色素配色做基調,套色的直
條紋有增強嚴肅性的作用。

蕭本龍.
2002. 2. 10.

圖一三六

暖素系的類似色相與配色

中高明度極低彩度的外套給人高雅但不是很嚴肅的感覺，加上隨意的領巾樣式，給嚴肅的辦公室氣氛帶來幾分輕鬆的感覺。

圖一三七

黑色的套裝總容易給人冷酷的感覺，還好水珠紋的襯衫有緩和冷酷的作用。

　領巾可在下班後赴宴會場時使用，可增加點高貴感，整體以寒色類似色相配色。

圖一三八

常有紫灰色的服飾較適合於成熟的女性，這種色彩給人較穩重的感覺，並不適合於年輕人使用。

圖一三九

　　輕鬆的天藍色印花洋裝加上較嚴肅的黑色外套，適合於星期五的打扮。下班後脫下外套則可參加舞會，整體以寒色類似色相搭配，只在胸巾用對比色調。

圖一四〇

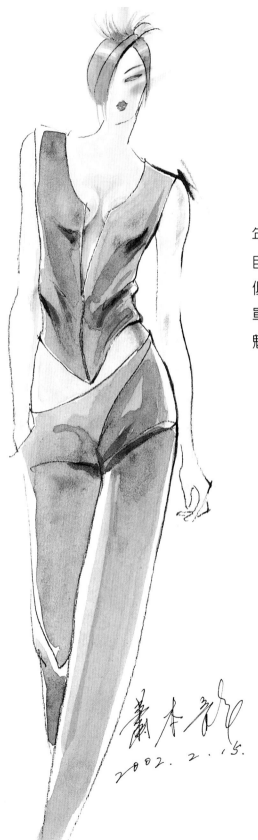

　　圖一四一與一四二是2002
年夏季最流行的款式，材質以
自然的棉與麻為主，色彩也與
低彩度的自然色，款式則以簡
單的剪裁，能呈現身體的自然
魅力為主。

蕭本龍

2002. 2. 15.

圖一四一

圖一四二

高彩度又是對比的
配色，適合於野外郊遊
時穿用。

圖一四三

圖一四四與一四五荷葉、運動
帽、白色也都是今年春夏流行
的服飾。

圖一四四

圖一四五

後 序 學生感言

雲林科大.樹德科大學生對蕭本龍老師的感言

還記得我為了遲到的事跟老師頂嘴(那是老師第一年到雲大教書) ，老師生氣的說要當我，但最後並沒有還說我透視畫的很好，大四要畢業那天老師居然提起兩年前的事，就是要跟我挑網球...天啊...我不敢相信他居然記得...我想他一定也記得我跟他頂嘴...，我知道我錯了，很想向老師說聲抱歉啦!

雲科

給您授課的這一年,受到您非常多的照顧,我不但學習了您教的一技之長,您在課堂上所說您的成就,讓我這個小毛頭非常的嚮往。自從去了一趟您家之後,深深的體會您的辛苦,也讓我知道,當老師不是一件簡單的事,在往後的日子裡,我一定不會讓老師失望的。給最敬愛的老師: 謝謝您!

筱玲

謝謝您對我們的付出，你給我的精神讓我敬佩，很幸運，我是你教過的學生，還記得你風趣的口語，還有你人生豐富的經歷，好像是昨天才給你罵過不夠細心，謝謝老師給的一切，我會記住的。

健民

第一次相遇是在一年前的某個晚上,您正等著南下往高雄的自強號列車,看到您手中提著印有名片的特製畫袋,我才知道您就是指導我們表現技法的蕭本龍老師,想想或許是有緣份吧?在過去一年的日子裡,老師與我們之間的親密互動,再再的加深了師生間的信賴與好感,老師你真的很棒!

家怡

每一次聽您說您的傳奇時,就覺得---哇~~好讚喔~~我在您的身上學到了,您對設計及繪畫的那一份執著與認真,雖不常與您交談,但卻深深的體會到您對您的最愛--繪圖--有很深很深的感情在,我圖雖畫的不是很好,但我會把您對我們所教的好好的運用的,在每一次的畫圖時,老師,謝謝您!

育賢

幸福的是,老師在雲科的所有課,我都修過!我相信那是老師的魅力,老師筆下的才華,教學的認真,讓我這個從麥克筆碰都沒碰過的學生,開始學會第一個線條,上了色的產品。老師,謝謝您!你像個神奇的夢想家,在圖紙上建構天堂;更像色彩的觀察家,輕易的知曉我們的學習。

宗凰

蕭老師是個守時、守本分、肯負責的好老師，他非常認真教學，對學生期望很高，我覺得老師對自己的作品是個完美主義著，他不喜歡自己的畫被捲起來，因為會破壞那張畫的美感，在這裡我謝謝老師給予教導。

馨蓮

蕭老師是位很幽默又懂得因材施教的好老師，使得學藝術的過程中多了份率性與自在，他不斷的培養我們對美的敏感度，也教我如何修改小細節，使得作品更加的活躍紙上，他總是說：用心去做、找對方法練，則萬事可成。

意婷

看到蕭老師那細膩的筆觸和那爐火純青的筆畫，畫出活躍生動的畫面，讓我時期烙印在心中每次上師的課總是專心看他作畫和解說，希望能在他精心的指導下，得到他的精華。

玫采

印象中的您，是一個很會規劃自己事情的人，也是一個很忙碌的人，常常看到您為了教學而在那邊趕來趕去，真的為您的精神感動，也曾問您，為什麼雲科離你所有教學中最遠也是鐘點費最少，為何老師你還是不辭辛勞的從高雄來這上每個星期一天的課，您的回答是，因為每當來雲科，看到同學努力的學習而有所進步，這讓您感到快樂驕傲，我想這就是身為一個老師的榮譽吧！您會常常出國只是去買書，為了在教學上得到最新的資訊，這樣的精神更讓我感動，我想我永遠不會忘記那段和您共事的日子，看到您專注在畫上的神情、老和您搶電視看而無奈的讓我看、您痛風發作時嚇的我不知所措、您那有些日式又不太日式的料理還有那苦苦的咖哩飯及不熟的魚。最後想和您說聲謝謝，不管在課業或是生活上，您都會教了我許多的東西，知道您愛好美的事物，只希望你可以沒有病痛的到一個很美好的地方。

寶汝

蕭老師 謝謝您！！

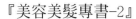

『美容美髮專書-2』

蕭本龍 e媚彩妝美學

出 版 者：新形象出版事業有限公司

負 責 人：陳偉賢

地　　址：台北縣中和市中和路322號8F之1

電　　話：29207133 · 29278446

F A X：29290713

編 著 者：蕭本龍

美術編輯：劉寶汝、黃慧文

校 正 者：黃慧文

電腦美編：洪麒偉、黃筱晴

封面設計：洪麒偉

總 代 理：北星圖書事業股份有限公司

地　　址：台北縣永和市中正路462號5F

門　　市：北星圖書事業股份有限公司

地　　址：永和市中正路498號

電　　話：29229000

F A X：29229041

網　　址：www.nsbooks.com.tw

郵　　撥：0544500-7北星圖書帳戶

印 刷 所：利林印刷股份有限公司

製 版 所：興旺彩色印刷製版有限公司

行政院新聞局出版事業登記證／局版台業字第3928號

經濟部公司執照／76建三辛字第214743號

西元2002年5月　第一版第一刷　　　定價：450元

國家圖書館出版品預行編目資料

蕭本龍e媚彩妝美學／蕭本龍著 . -- 第一版 。-
- 臺北縣中和市：新形象，2002〔民91〕
　面；　　公分。--（美容美髮專書；2）

ISBN 957-2035-30-4（平裝）

1.化妝術 2.色彩（藝術）

424.2　　　　　　　　　　　　　　91006338